❶宿命のライバル対決

もくじ

大きさ対決 ……… 6
トラ vs. ライオン その❶
大型の肉食獣、どちらのからだが大きいの？

狩りのわざ対決 …… 8
トラ vs. ライオン その❷
単独行動のトラと群れをつくるライオン、どちらがすぐれたハンターか！

希少さ対決 ……… 10
トラ vs. ライオン その❸
どちらがより希少な動物なの？

かわいさ対決 …… 12
イヌ vs. ネコ その❶
人間のもっとも身近なともだち、どちらがかわいいとおもわれている？

お手伝い能力対決 …14
イヌ vs. ネコ その❷
どちらも長いつき合いだけど、しごとのお手伝いがよくできるのは？

大きさ対決 ……… 16
シャチ vs. ホホジロザメ その❶
海のギャングと海の殺し屋、大きいのはどちら？

するどい歯対決 …18
シャチ vs. ホホジロザメ その❷
歯はえものを狩るための武器だ。どちらの歯がするどい？

えものをさがす能力対決…20
シャチ vs. ホホジロザメ その❸
広い海でえものをさがす能力にたけているのはどちら？

生き物対決スタジアム

どっちが強い？
どっちがスゴイ？

飼いやすさ対決……22
シャチ vs. ホホジロザメ その❹
水族館の人気者シャチとサメ、どちらが飼いやすいの？

ガチンコ対決……24
シャチ vs. ホホジロザメ その❺
最強の肉食性の海洋生物、たたかったらどちらが強いの？

大きさ対決……26
アロサウルス vs. ティラノサウルス その❶
大人気の大型肉食恐竜！はたしてどちらが大きいの？

ガチンコ対決……28
アロサウルス vs. ティラノサウルス その❷
ジュラ紀の支配者と白亜紀の支配者、たたかったらどちらが強いの？

ガチンコ対決……30
カブトムシ vs. ノコギリクワガタ その❶
どちらも昆虫の中で最大級、たたかったらどちらが強いの？

長生き対決……32
カブトムシ vs. ノコギリクワガタ その❷
大型の昆虫の両者、いったいどちらが長生きするの？

登場する生き物のかいせつ…………34

さくいん……………………………37

大きさ対決 トラ vs. ライオン その❶

インド、東南アジア、中国、ロシア極東に分布するトラと、アフリカに分布するライオン（アフリカライオン）は、どちらもネコのなかまでは最強、そして最大級です。
この永遠のライバル、はたしてどちらが大きいでしょうか。

＊トラはすんでいる地域によって、アムールトラ（シベリアトラ）、ベンガルトラ、マレートラなど、いくつかのグループ（亜種）にわけられますが、この本ではまとめてトラとよんでいます。

トラ

トラは、尾をのぞいた体長は1.5〜3mです。

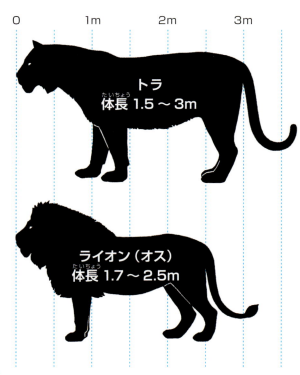

トラ 体長 1.5〜3m
ライオン（オス） 体長 1.7〜2.5m

重さは？

トラもライオンも、メスよりオスのほうが大きいからです。トラ（アムールトラ）は体重180～310kgで、ライオンのオスは150～250kgで、トラのほうが重いですね。

ライオン

ライオンのオスは、尾をのぞいた体長は1.7～2.5mです。

勝者はどちら？

トラの勝ち

ライオンのオスはとても巨大にみえますが、トラのほうが勝っています。この巨大なからだで、ライオンの走る最高速度は時速60km、トラは時速なんと80km！さらにトラのジャンプはゆうに4mをこえるというからおどろきです。

体長はトラが大きいですが、肩の高さはライオン約1.2m、トラ約1mで、ライオンが勝っています。

狩りのわざ対決 トラ vs. ライオン その❷

ネコのなかまで最強のトラとライオン（アフリカライオン）は、すぐれたハンターです。ねらうのはおもににげ足のすばやい、ウシやシカのなかまなどで、かんたんにはしとめられません。さて、どちらの狩りのわざが勝っているでしょうか。

黄色に黒いすじもようが、まわりにとけこんでいます。

トラ

イノシシをとらえたトラ。

まちぶせしてとびかかる

トラは、繁殖期以外は単独で行動します。狩りも単独でするので、ライオンのようにえものを追うやりかたは、うまくいきません。トラは、やぶなどにかくれながら、えものにできるだけ近づいたり、まちぶせしたりしながら、えものにとびかかってとらえます。そのときに役に立つのが毛皮の色で、まわりのけしきにとけこむカモフラージュとなっています。

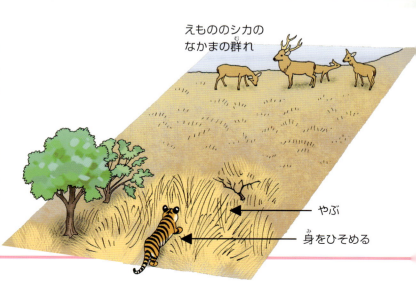

えもののシカのなかまの群れ

やぶ

身をひそめる

ライオン

えもののアフリカスイギュウを
おそうライオン。

武器のきばの
長さは
6cmもあります。

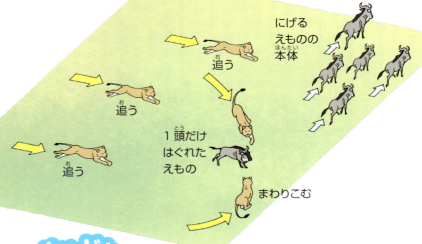

チームワークで狩りをする

ライオンはネコのなかまとしてはめずらしく、群れをつくります。群れはプライドとよばれ、血のつながりのあるおとなのメスと、それらの子ども、おとなのオスからなります。狩りはおもにメスがします。えものの群れから1頭だけはぐれさせ、チームワークで追いこみ、まわりこみ、とらえます。

勝者はどちら？

ライオンの勝ち！

狩りの成功率は、トラが5〜10パーセント、ライオンは25〜30パーセントで、ライオンの勝ちです。群れのおおくのメンバーが食べるには、成功率が高くないとたいへんです。チームで狩りをすることが、成功率を高めているのです。

ライオンのオスはからだが重く、メスほどはやく走れないので、狩りはあまりしません。オスのしごとは群れを守ることです。

希少さ対決 トラ vs. ライオン その❸

動物園でみたい動物のランキングをとると、
トラとライオンは、いつもベスト10にはいる人気者です。
その人気者たち、じつは野生では数がへっていることが
心配されています。トラとライオン、どちらが希少なのでしょうか。

トラ

動物園生まれのトラのあかちゃん。

トラは水あびが好きです。動物園では、トラのために池を用意。

絶めつしたなかまもある

トラはすんでいる地域によって、アムールトラ（シベリアトラ）、ベンガルトラ、アモイトラ、マレートラ、スマトラトラ、カスピトラ、バリトラ、ジャワトラの8つの亜種にわけられます。この中で、カスピトラ、バリトラ、ジャワトラは絶めつし、アモイトラも野生ではいなくなったといわれています。のこっているトラをすべて合わせても、3402〜5140頭しかいないといわれています。

人気のホワイトタイガーは、ベンガルトラの白変種で希少です。

動物園生まれのライオンのあかちゃん。

ライオン

ライオンのすんでいるエリアをクルマで移動するサファリパーク。

ライオンは動物園で生まれている

ライオンはとても人気者で、長いあいだ世界中の動物園で飼育されてきました。飼育の技術が高く、各地で繁殖しているうえに、野生のライオンは、16500〜30000頭はいるということです。ただし、安心なのはアフリカライオンのことで、インドにすむ亜種のインドライオンは、絶めつが心配されているほど数が少なくなっています。

絶めつが心配されているインドライオン。

プラス1情報

動物を仕入れる

動物園に貴重なトラやインドライオンを仕入れるとき、かつて売買されていましたが、いまは動物の保護のためにちがった方法がとられています。動物園は、アメリカやヨーロッパにある保全グループに参加することで、動物を無料で入手できます（輸送料はかかります）。ただし、その動物の保護や地域の自然保護のための寄付金などをはらうことが条件になります。
パンダ（ジャイアントパンダ）は、中国からかりています。10年のレンタル料として、つがいで8億円。レンタル料はパンダの保護のために使われます。また、子どもが生まれたら、すべて中国にもどさなければいけません。

1頭あたり年間4000万円のパンダ！

勝者はどちら？

トラの勝ち

希少さで勝ち負けはおかしいですが、トラのほうが希少です。その理由は、人間によるトラの生活環境の破かいや、毛皮をとったり、骨を漢方薬にしたりするために、乱獲されたためです。野生で絶めつした種でも、飼育しているものを繁殖させて、野生にもどすなどの動物園の保護かつどうが注目されています。

希少野生動物の売買は、ワシントン条約で規制されています。

かわいさ対決 イヌ vs. ネコ その❶

人間にもっとも身近で、かわいがられている動物は、イヌとネコです。イヌとネコはペットとして、そして人間のベストパートナーとして、永遠のライバルといってもよいでしょう。さて、日本ではどちらがかわいいとおもわれているのでしょう。

イヌ

イヌはいつでも人間のベストパートナーでした。

なかまといっしょがうれしい！

イヌは群れをつくります（p14）。群れのメンバーはおたがいにたしかめ合い、いっしょにいることによろこびを感じています。ですから、いつでも飼い主はどんなようすだろうと気づかい、かかわり、飼い主がそそぐ愛情以上のものを返そうとします。従順でかしこく、愛情をつつみかくさない、そんなところがかわいいと感じているのが、イヌ好きの人たちです。

プラス1情報

みつめ合ってもっとなかよしに

人とイヌは、おたがいの目をみつめ合うことで、信頼と愛情を育むホルモンをつくりだし、なかよくなるという研究があります。実験で、飼い主とイヌに、みつめ合い、さわり合い、語りかけを30分間すると、尿の中の愛情ホルモンがおおくなったといいます。

ふれ合い、みつめ合うとなかよし！

でれでれ〜。

ネコ

つんつんでれでれ！

ネコは群れをつくらず、単独行動です（p15）。ですから、飼い主をリーダーというものではなく、食べ物をくれたり、世話をしてくれる、大好きな同居人とおもっているのでしょうか。かまってほしいときにつんつんして、なんでもないときにでれでれとあまえてくる、気ままなところにかわいさを感じているのがネコ好きです。人にこびませんが、飼い主がかなしんでいるときはなぐさめてくれるなど愛情深い生き物です。

両者ひきわけ！

イヌ派とネコ派のいいぶんは、以下のとおりです。おたがいに好きなわけ、にが手なわけが、入れかわっているところがおもしろいですね。イヌとネコ、どちらがかわいいとおもわれているか、飼われている頭数をくらべてみるのも、ひとつの目安です。最近の飼育頭数では、ほぼ互角で近々ネコの飼育頭数が上まわるだろうといわれています。これはネコがさんぽをさせるひつようがないので、ひとりでくらしている人にも飼いやすいから、飼う人がふえているようです。いっぽう、イヌ、ネコを飼っている家庭（世帯）の数をくらべると、イヌを飼う家庭がおおいということがわかります。ネコは複数飼いがおおいのです。この勝負、ひきわけでしょうか。

飼育頭数（万頭）
イヌ 991.7
ネコ 987.4

飼育世帯（万世帯）
イヌ 798.5
ネコ 558.8

イヌ派		ネコ派	
イヌが好きなわけ	ネコがにが手なわけ	ネコが好きなわけ	イヌがにが手なわけ
・いうことをきいて忠実	・なつかない	・かわいい	・ほえる
・人なつこい	・自分勝手	・人にこびない	・かむ
・かしこい	・つめでひっかく	・自由な感じ	・べたべたしつこい
・わかりあえる	・芸をしない	・さんぽをしなくていい	・さんぽにいかなければいけない
・人の役に立つ　など	・人の役に立たない　など	・ほえない	・におう

アジア、南アメリカ、オーストラリアはイヌが、ヨーロッパ、ロシア、北アメリカはネコがおおく飼われているようです。

お手伝い能力対決 イヌ vs. ネコ その❷

人とのつき合いは、イヌが約1万5000年、ネコが約1万年といわれています。この長いつき合いのあいだに、どちらもいろいろな生活の場面で、人を助け、役に立ってきました。さて、どちらがよく人のしごとのお手伝いができるでしょうか。

目の不自由な人をみちびく盲導犬のラブラドール・レトリバー。

ヒツジの群れをまとめる牧羊犬のボーダーコリー。

犯人を追いつめる訓練中の警察犬のジャーマン・シェパード。

イヌ

リーダーにしたがう性質を利用

イヌは約1万5000年前の中東で、オオカミの中で、人になれやすいものが飼われはじめ、家畜化されたといわれています。オオカミはリーダーであるペアを中心に、血のつながりがあるなかまと、4〜10頭の群れをつくります。群れの中では1頭1頭に序列があって、どのメンバーもリーダーにしたがいます。イヌもこの習性をのこしていて、飼い主をリーダーとしてみて、命令にしたがって狩猟、牧羊など、人のしごとを手伝ってきました。

イヌと共通の祖先をもつオオカミ。

ネズミのみはり役

ネコは約1万年前の中東で、リビアヤマネコとの共通の祖先のうち、人になれやすいヤマネコが飼われはじめ、家畜化されたといわれています。おそらく貯蔵しておいた食料をあらすネズミを、ネコが追いはらうことから、たいせつにされたとおもわれます。ただ、イヌとちがい、ネコのなかまのおおくは、単独行動をします。群れをつくらないので、飼い主である人との関係に上下はなく、しつけていろいろな手伝いをさせることはむずかしいのです。

ネコ

ウィスキー醸造所でネズミのみはりをするネコ。

アフリカ北部、アラビア半島に分布するリビアヤマネコ。

イヌの勝ち！

イヌの品種は、国際畜犬連盟の公認で約350あります。シベリアンハスキーはソリをひくしごと、ビーグルはウサギ猟でウサギを追いたてるしごと…と、おおくの品種は、さまざまな人のしごとを手伝わせるために作出されました。いまでは牧羊犬、警察犬、麻薬そうさ犬、盲導犬、介助犬、水難救助犬など、イヌはたくさんのしごとの手伝いをしています。いっぽうネコの品種は、アメリカの最大のネコ協会の公認で約50しかありません。その品種のおおくが、しごとのためではなくペットとして作出されました。ネコもイヌにおとらず嗅覚や聴覚にすぐれ、頭もよいのですが、人の命令にしたがうという習性がないので、しごとをさせることはむずかしいのです。
この勝負は、イヌの勝ちです。

イヌは3万2000～1万9000年前に家畜化されたという、最近の研究があります。

大きさ対決 シャチ vs. ホホジ

海のギャングといわれるクジラのなかまのシャチと、海の殺し屋といわれるサメのなかまのホホジロザメ、どちらも巨大な生き物です。さて、どちらのからだが大きいか、対決です。

シャチ

オスがメスより大きい

体長は 5.7〜8m で、オスのほうが大きいからだです。

もっとも大きなものは？

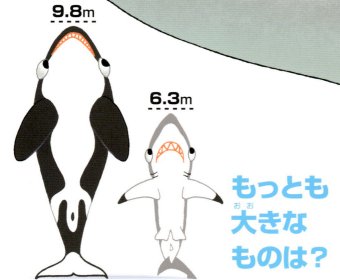

これまで記録されたもっとも大きなシャチは、体長 9.8m、ホホジロザメは全長 6.3m です。ホホジロザメは、推測では 7m のものもいたようです。

ロザメ その❶

重さは？
体重はシャチ 2.6〜6.3t、ホホジロザメ 0.68〜1.1t です。からだのわりにホホジロザメはかるいんです。

水族館でのシャチのショー。数 t もある巨体のジャンプは大迫力です。

横むきについた尾びれ

たてについた尾びれ

ホホジロザメ
流線形だがややずんぐり
魚らしく流線形ですが、ややずんぐりしたからだで、全長は 4〜4.8m。

勝者はどちら？

シャチの勝ち！
この勝負はシャチの勝ちです！ ホホジロザメは、パニック映画の名作「ジョーズ」にでてくるサメで、セットのもけいのサメは、ことさらに巨大につくられていました。そのために、ホホジロザメは、どれも巨大な人食いザメという印象がもたれました。たしかに魚の中では大きいのですが、クジラのなかまであるシャチとくらべるとずっと小さいことがわかります。

絶めつしたメガロドンというサメは、全長 13〜16m と推測されていますが、19m のものもいたとされます。

するどい歯対決 シャチ vs. ホホジロザメ

肉食の海の生き物にとって、えものを攻げきし、つかまえるとき、歯が重要な武器となります。シャチとホホジロザメ、どちらもするどい歯と強力なあごをもっています。どちらの歯がするどいでしょうか。

シャチ

さきがとがったまるい歯

上下のあごに、合わせて44～48本の歯があります。1本の歯は長さ8～13cm、断面がまるくてさきがとがり、後ろむきにそっていて、くわえたえものがにげられないようになっています。推定ですが、かむ力は1平方cmで1000kgと、おどろくべき強さです。

後ろむきにまがった、まるい断面の歯がならびます。

メ その❷

ホホジロザメ

つぎつぎと生えかわる歯

サメの歯は、3列ほどみえていますが、じつはその後ろにはつぎの歯、そのつぎの歯…と、いくつもの歯がひかえていて、歯がぬけおちると新しい歯が前におしだされてきます。歯は三角形で、ステーキナイフのようにふちにぎざぎざがついていて、肉を切るのに適しています。かむ力は1平方cmで約280kgです。

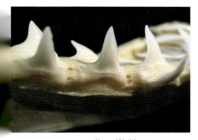

サメのなかまの歯。断面はうすく、アゴの内がわにむいて生えています。

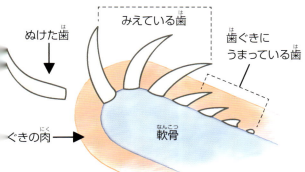

ほ乳類の歯とちがい、サメの歯には根がなく、ぬけやすくなっています。サメのあごの軟骨の中では、歯がつぎつぎとつくられていて、ぬけおちた歯をおぎなうように、あごの外がわにおされてでてきます。歯は、死ぬまで生えてきます。

勝者はどちら？
するどさでホホジロザメの勝ち

歯のかたちから、シャチの歯はえものを骨ごとかみくだくように食べるタイプで、サメの歯は肉を切りさくように食べるタイプです。あごの力はシャチが圧倒的ですが、ぬけてもつぎつぎと生えるこわさと、ナイフのようなするどさで、この勝負はホホジロザメの勝利でしょうか。

ホホジロザメは、ホオジロザメともよばれます。

えものをさがす能力対決 シャチ vs. ホホジロザ

海の中は、陸上ほど視界がよくありません。肉食性のシャチとホホジロザメは、あらゆる感覚を使ってえものをさがしだします。かれらはいろいろなやりかたでえものをさがします。どちらのさがす能力が勝っているでしょうか。

シャチ

目
視力は0.18です。目のよい人は視力が1.0～1.5ですので、あまりよくないとおもいがちですが、目にはタペタムという光を反射して増幅するしくみがあります。動くものをとらえる動体視力にもすぐれています。

鼻
ヒゲクジラのなかまをのぞいて、シャチがふくまれるハクジラのなかまは、味覚と嗅覚をなくしていて、においでえものをさがすことはできません。

耳
たいへんすぐれていて、500～31000ヘルツの音をきくことができます（人間は16～20000ヘルツ）。

音でえものをさがす

水の中は、空気中よりも4～5倍のはやさで音が伝わるために、シャチは声（音）をじょうずに使います。鼻のあなのおくに、ふくらんだ部分があり、その内がわのひだを、空気をとおしてふるわせて声をだします。シャチには、2種類の声があります。ひとつはウィーン、キューンという「コール」という声で、なかまとのコミュニケーションに使います。もうひとつは、カチカチときしむような「クリック」という声で、えものや敵をさがすのに使います。クリック音は、頭にあるメロンという器官で増幅させ、えものなどに発射します。はねかえった音で、えものなどの種類や大きさを判断します。これをエコーロケーション*といいます。

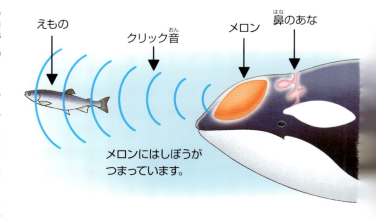

メロンにはしぼうがつまっています。

*エコーロケーション　日本語で反響定位といい、はねかえった音（反響）でものの位置を判断（定位）することです。

サメ その❸

ホホジロザメ

目
目のおくにタペタムという反射板があり、わずかな光を増幅させるしくみがあります。また、色をみわけることもできます。

鼻
1 滴の血を 100 万倍にうすめても、においを感じることができるほどすぐれています。

側線
からだの表面に側線があり、水中をつたわる低めの音を感じとります。また、頭には内耳があり、高めの音を感じとります。えもののだす音が、数キロさきからわかるといいます。

えもののだす電気を感じる

サメの頭部にはたくさんのあながあいていて、その内部に電気を感じる細ぼうがあります。生き物は、からだを動かすと筋肉からよわい電気をだします。このよわい電気を感じとって、えものをさがしだします。電気センサーのようなしくみをロレンチーニ器官といいます。この器官のおかげで、海底のすなにもぐったえものでも、さがすことができるのです。

勝者はどちら？

ホホジロザメの勝ち

シャチのエコーロケーションは、えものがなんの動物かだけではなく、その種類さえわかるほどすぐれた探査能力ですが、視覚、音、においだけではなく、生き物のだすよわい電気さえ感じるなどの総合的な探査力で、ホホジロザメの勝ちでしょうか。

ロレンチーニ器官は、発見した 17 世紀のイタリアの解剖学者のロレンチーニから名づけられました。

シャチ vs. ホホジロザ

飼いやすさ対決

水族館や動物園の魅力は、野生の生き物のいきいきとしたすがたを間近でみられるところです。生き物を自然から切りはなして飼うには、それなりに生き物に適応力がいります。シャチとホホジロザメ、どちらが飼いやすいでしょうか。

シャチ

水族館でショーをみせるシャチ。

肺で呼吸する

シャチは海にすんでいますが、わたしたち人間とおなじほ乳類です。肺で呼吸するので少しのあいだなら、陸上に上がっても平気ですし、河口などの淡水にもいられて、適応力があります。体長は5mもあるものもいて、いかにも飼育がむずかしそうですが、適応力の高さで、アメリカや日本の水族館で飼われ、子どもも生まれています。

プールの台に上がってポーズを決めるシャチ。肺呼吸なので少しのあいだなら、空気中にいられます。

メ その❹

ホホジロザメの泳ぐすがたをみたければ、水族館ではなく、このような檻に人間が入って、サメがくるのをまつしかありません。

ホホジロザメ

ゆったりした泳ぎのサメ

ジンベエザメは、日本の水族館でも飼われています。全長5〜8mもあるジンベエザメが飼えるのだから、ずっと小さなホホジロザメなら、もっと飼うのがかんたんそうにおもいます。でもジンベエザメが水そうで飼えるのは、ホホジロザメとちがって、ゆったりした泳ぎをするからです。

ゆうゆうと水そうを泳ぐジンベエザメ。

飼育の最長は200日くらい！

ホホジロザメは凶悪で、生命力も高いだろうとおもわれがちですが、とてもせん細な生き物です。とらえられたショックや、輸送中のストレスですぐに死んでしまいます。また、サメのなかまはエラ呼吸で、つねに泳ぎつづけないと呼吸ができないうえに、ホホジロザメはとくに回遊性が高くて、広大な水そうが必要だし、大きくなればほかの魚をおそうこともかんがえられるなど、たいへん飼いにくい生き物です。もっとも長い飼育の記録は、アメリカの水族館の200日くらいです。

勝者はどちら？

シャチの勝ち

体長5mもあるシャチですが、頭がよくて環境に対する適応力があります。いっぽう、ホホジロザメは意外にも飼育がとてもむずかしい生き物で、飼育している水族館はどこにもありません。この勝負はシャチの勝ちです。

日本の水族館でも、ホホジロザメを飼ったことがありますが、わずか数日しか生きられませんでした。

ガチンコ対決 シャチ vs. ホホジロザ

サメとホホジロザメ、どちらも海の巨大な肉食性の生き物としておそれられています。泳ぎが達者で、おそろしい大あごをもつ両者ですが、はたしてガチンコの勝負になったとき、どちらが勝つのでしょうか。

シャチ

シャチの骨格標本。

力強い骨格

シャチの骨格をみてください。じつにがっしりと力強く、内臓のある部分は肋骨で保護されているのがわかります。ちょっとやそっとの衝撃ではやられないからだです。
またシャチは、母親と子どもを中心にした数頭〜数十頭のポッドとよばれる群れをつくり、いっしょにえものをとらえるなど、強いつながりをもって助け合います。

シャチのポッド。メンバーはコール音（p20-21）などの音声で、コミュニケーションをとります。

メ その❺

骨格はほとんどが軟骨

サメの骨格標本は、とくべつなつくりかたをしないかぎり、あごと歯のみです。マグロ、サケなどの硬骨魚とちがい、サメは軟骨魚で、ほとんどが軟骨でできています。軟骨とはわたしたちの鼻、耳などをつくっているもので、やわらかくてくさりやすいので骨格としてはのこりません。サメはおそろしいすがたににあわず、やわなからだなのです。また、サメはシャチとはちがい、群れることはあっても単独で行動します。

単独行動のホホジロザメ。

ホホジロザメ
サメのなかまのあごと歯。

シャチの勝ち

ホホジロザメの腹部を攻げきするシャチ

シャチの体長は6〜7m、体重は4〜5t、ホホジロザメの全長は4〜5m、体重は約1t（p16-17）で、シャチが圧倒し、しかもホホジロザメの骨格は軟骨なのです。泳ぐスピードでも、最高時速シャチ65kmに対して、ホホジロザメは35〜45kmと、これまたシャチが上まわっています。シャチに腹でも攻げきされたら、ひとたまりもなくホホジロザメはやられてしまうでしょう。そしてシャチは、協力し合って群れでえものをおいつめます。史上最大のサメで、全長が13〜16mもあったとされるメガロドンは、約180万年前に絶めつしてしまいましたが、シャチにほろぼされたとされます。

野生では、シャチはホホジロザメをおそって食べているようです。

大きさ対決

アロサウルス VS.

ジュラ紀の異竜・アロサウルスと白亜紀の暴君竜・ティラノサウルス（ティラノサウルス・レックス）は、どちらも大型肉食恐竜として、人気を二分する永遠のライバルです。両雄がならぶと、どちらが大きいでしょうか。

アロサウルス

1億5500万～1億4500万年前のジュラ紀にいました。肉食性で、ステゴサウルスやアパトサウルスなどの草食性の恐竜をおそっていました。全長は平均で約8.5m、中には13mもの大きさのものもいました。

アロサウルス 8.5m
こども 1.3m
ティラノサウルス 12.5m

ティラノサウルス その❶

プラス1情報

重さは？
どちらも大型の肉食恐竜です。アロサウルスの体重は約1.5tです。ティラノサウルスの体重は6tで、アロサウルスの4倍もあります。

ティラノサウルス

7000万〜6600万年前の白亜紀にいました。肉食性で、トリケラトプスやエドモントサウルスなどの草食性の恐竜をおそっていました。全長は平均で12.5m、最大はスーとよばれるメスのティラノサウルスで12.8mです。

勝者はどちら？

ティラノサウルスの勝ち

ティラノサウルスの祖先は、アジアにいた全長3mほどの小型の恐竜グアンロン・ウカイイでしたが、9000万年以上の長い進化をへて、超大型のティラノサウルスが登場しました。アロサウルスもジュラ紀の肉食恐竜としては大型ですが、ティラノサウルスにはかないません。

肉食恐竜がおおい獣脚類のなかまには、羽毛をもった恐竜がいて、ティラノサウルスも羽毛が生えていたかもしれません。

ガチンコ対決

アロサウルス vs.

アロサウルスとティラノサウルス（ティラノサウルス・レックス）は、永遠のライバルです。生きていた時代がまったくちがうので、ありえないことですが、おそろしい肉食恐竜どうし、ガチンコ対決をさせてみたいですね。いったい、どちらが勝つでしょうか。

アロサウルス

アロサウルスの頭骨の化石。

ややきゃしゃな頭骨

アロサウルスの頭骨は、長さ約90cmほどです。歯の長さは5～10cmで、さきがするどくとがっています。骨にはすきまがたくさんあり、ティラノサウルスよりややきゃしゃです。かむ力は、590kgと推測されています。

プラス1情報 肉食恐竜の歯

獣脚類のなかまの肉食恐竜の歯は、するどくとがり、後ろむきにそっていて、かみついたえものをにがさないつくりです。それから歯のふちには、ステーキナイフのような細かいぎざぎざがあり、肉を切りやすいつくりです。

ティラノサウルスの歯。

ティラノサウルス その❷

ティラノサウスル

ティラノサウルスの頭骨。

とても小さくてよわよわしい前足です。

がっしりした頭骨

ティラノサウルスの頭骨は、長さが150cm以上もあって、とびぬけて大きく、長さ30cmもある歯がならんでいます。骨にはアロサウルスほどのすきまはなく、全体にがっしりしたつくりです。かむ力は3500kgもあります。
ただティラノサウルスは、からだにくらべて前足がとても小さく、ゆびは1本が小さく退化して2本しかないようにみえます。

ティラノサウルスの勝ち！

アロサウルスは口を大きくあけ、頭をふって歯で敵やえものに切りつけるような戦法だったようです。ティラノサウルスは、3500kgというアロサウルスの6倍近いあごの力と、太くて大きい歯で、敵を骨ごとかみくだく戦法でした。アロサウルスの有利なところは、ティラノサウルスより大きな前足をもつことですが、いかんせん体格がちがいすぎます。ティラノサウルスの勝ちです。
もしアロサウルスが勝つとすれば、ティラノがうかつにころんでしまって、おき上がろうともたもたするすきに、腹部を牙で切りさくしかないかもしれません。

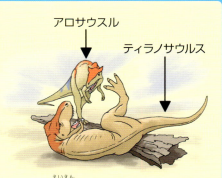

アロサウスル
ティラノサウルス

たたかう永遠のライバル

走るスピードは、アロサウルスが最高時速33.8km、ティラノサウルスが28.8kmとされます

ガチンコ対決 カブトムシ vs(ブイエス) ノコギ

カブトムシは、日本の昆虫の王者です。そのカブトムシのライバルはクワガタムシで、中でも数がおおく、森の樹液のでる木でカブトムシがもっともよくであうのが、ノコギリクワガタで、永遠のライバルといえるでしょう。ガチンコ対決、どちらが強いでしょう。

大きさは？

カブトムシのオスは、大きいものでは、角をいれた長さは約80mmです。いっぽう、ノコギリクワガタのオスは、大あごをいれた長さは26〜75mmです。角や大あごをのぞくと、両者おなじような大きさです。

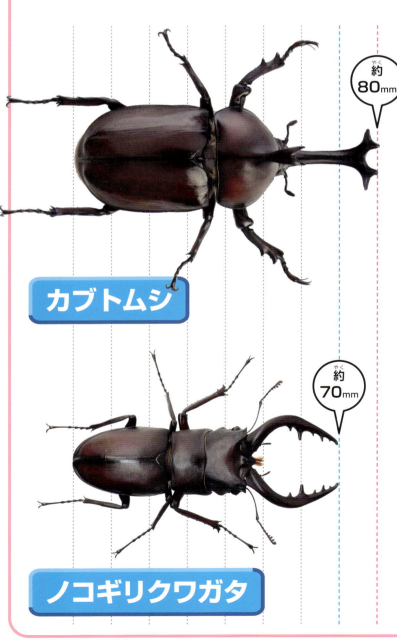

カブトムシ 約80mm

ノコギリクワガタ 約70mm

樹液にカブトムシ、ノコギリクワガタ、カナブンのなかまが集まっています。

たたかいの場は樹液のでる木

カブトムシとノコギリクワガタのたたかいの場となるのは、おもに雑木林のコナラやクヌギで、樹液がでているところです。樹液は発こうして、あまく栄養があるので、おおくの昆虫が集まってきます。ここにいると、おなじなかまのメスもやってくるのでよい場所をとろうとカブトムシやノコギリクワガタのオスたちはたたかうのです。

リクワガタ その❶

すくいなげとはさみなげ

カブトムシの戦法は、大きな角をあいてのからだの下にさしこんで、はね上げるすくいなげです。ノコギリクワガタの戦法は、大あごであいてのからだをはさんでなげる、はさみなげです。

勝者はどちら？

カブトムシの勝ち！

からだの長さだけみると、おなじくらいの大きさの両者ですが、カブトムシは体長 50mm ほどの大きさなら、体重は約 10g です。ノコギリクワガタはからだがうすくて、体長 70mm ほどなら、約 3g と、かるいのです。力もカブトムシのほうがやや強く、たいていの場合、カブトムシが勝ちます。

クワガタムシでも、大きなヒラタクワガタやオオクワガタなら、カブトムシに対抗できます。

長生き対決 カブトムシ vs ノコギ

生き物には寿命があります。
森の王者カブトムシと、そのライバルのノコギリクワガタは、どんな一生をすごし、どちらが長生きなのでしょうか。

カブトムシ

たまご
くち木の根もとの土の中に、たまごを生みます。

幼虫
くち木を食べながら成長します。

さなぎ
ふよう土の中に部屋をつくって、さなぎになりました（オス）。

成虫
樹液のでる場所で、成虫のオスとメスはであって交尾し、たまごをのこします。

成虫　7〜8月
さなぎ　6〜7月
幼虫　1年目7月〜2年目6月
たまご　7〜9月
1年目　2年目

幼虫で冬をこす

7〜9月、たまごは約2週間でふ化します。幼虫は2回脱皮して、3齢幼虫（終齢幼虫）となって冬をこします。2年目の6月ごろになると、終齢幼虫はさなぎとなり、20日ほどで成虫になり、外にでてきます。成虫は交尾して、たまごを生んでから死んでしまいます。

リクワガタ その❷

ノコギリクワガタ

さなぎ
土の中の部屋で、さなぎになりました。

たまご
くち木の根もとの土の中に、たまごを生みます。

幼虫
くち木を食べながら成長します。

成虫
樹液のでる場所で、成虫のオスとメスはであって交尾し、たまごをのこします。

とちゅう休眠をする

7〜9月、たまごは約3週間でふ化します。幼虫は2回脱皮して、3齢幼虫（終齢幼虫）になって冬をこします。2年目の6月ごろになると、木の根もとの土にもぐって、部屋をつくりその中でさなぎになります。さなぎは20日ほどで成虫になります。成虫はそのまま部屋にとどまって休眠し、3年目の6月ごろ外にでてきます。成虫は交尾して、たまごを生んでから死んでしまいます。
このような一生のほかにも、幼虫のまま足かけ2年すごすものなど、いろいろなタイプがいます。

成虫（野外）
6〜7月

成虫（さなぎの部屋で休眠）
2年目6月〜3年目6月

さなぎ
6〜7月

幼虫
1年目7月〜2年目6月

たまご
7〜9月

1年目	2年目	3年目

勝者はどちら？

ノコギリクワガタの勝ち

カブトムシは足かけ2年、ノコギリクワガタはみじかいもので、足かけ3年の一生です。この勝負はノコギリクワガタの勝ちです。

クワガタムシの中でもっとも長生きなのは、オオクワガタです。7年以上生きた記録があります。

登場する生き物のかいせつ

アパトサウルス 26
- 全長 約26m ●体重 25〜30t
- 分布 北アメリカ

1億5000万年ほど前にいた、4足歩行の草食恐竜です。群れでくらしていて、長い首をのばして、高い木の葉を食べていたとかんがえられています。むちのような長い尾をふって、敵をおどしていたのでしょう。

アフリカスイギュウ 9
- 体長 2〜3.4m
- 体重 300〜900kg
- 分布 アフリカのサハラ砂ばく以南

角はオス、メスともあり、角のつけ根は、頭の上全体をおおいます。サバンナ、草地、湿地などにくらし、100頭以上の大きな群れをつくります。草を食べます。気が荒く、ときにはライオンをけちらすこともあります。

アムールトラ 6-7、10
- 体長 2.5〜3m
- 体重 180〜310kg
- 分布 極東ロシアと中国東北部のアムール川流域

シベリアトラ、チョウセントラともよばれます。トラの亜種の中で最大です。川の流域にある森林にすみ、繁殖期以外は単独で行動します。おもに夜に行動して、シカのなかまやイノシシなどをとらえます。毛皮や漢方薬をとるために乱獲されたり、生息地の森林伐採などで数がへり、絶めつが心配されています。330〜390頭ほどしかいないと推測されています。

アモイトラ 10
中国の南部にいましたが、野生では絶めつしたのではないかといわれています。動物園に飼育されているものが、のこるだけです。

アロサウルス 26-27、28-29
- 全長 約8.5m ●体重 約1.5t
- 分布 アメリカ、ポルトガル

約1億5500万〜1億4500万年前にいた、当時でもっとも大型の2足歩行の肉食恐竜です。目の上に大きなとさかがあるのがとくちょうです。ステゴサウルス、アパトサウルスなどの草食恐竜をおそって食べていました。子どもからおとなまで、おおくの骨格化石がでていて、よく研究されている恐竜です。

イヌ 12-13、14-15
約1万5000年前、中東で野生のオオカミから家畜化されたとされていますが、最近の研究で3万2000〜1万9000年前にヨーロッパでオオカミから家畜化されたという説もあります。リーダー的なペアを中心にした群れをつくる、オオカミの習性をのこしています。頭がとてもよく、嗅覚や聴覚にすぐれています。飼い主をリーダーとみなして命令をよくきくことから、イヌの能力を生かして作業を手伝わせてきました。とくに嗅覚はすばらしく、においを感じる細ぼうが人間では約500万個なのに対し、イヌは2億個以上もあります。

インドライオン 11
- 体長 1.4〜1.95m
- 体重 120〜200kg ●分布 インド

ライオン（アフリカライオン）の亜種です。かつては中東まで分布していましたが、いまはインド北西部の野生保護区にいます。アフリカライオンより小型で、からだの色がうすく、オスのタテガミが、みじかいのがとくちょうです。おもに森林や林にすみ、5〜6頭の小さな群れをつくります。狩りは単独でします。乱獲や生息地の開発で数がへり、絶めつが心配されています。

エドモントサウルス 27
- 全長 約12m ●体重 約4t
- 分布 北アメリカ

7100万〜6500万年ほど前にいた、2本足でも4本足でも歩くことができた草食恐竜です。このなかまの恐竜は、くちばしののはばが広く、鳥のカモのようなので、カモノハシ恐竜といわれます。木の葉や種子をくわえとり、小さな歯がぎっしりならぶ奥歯ですりつぶして食べました。

オオカミ 14
- 体高 60〜90cm ●体重 25〜50kg
- 分布 北アメリカ北部、ユーラシア、アラビア半島など

オオカミといえばふつうタイリクオオカミ（ハイイロオオカミ）をさします。生息する地域によって、シベリアオオカミ、アラビアオオカミ、メキシコオオカミなど、いくつかの亜種にわけられます。イヌは中東にすむオオカミからわかれたとされています。事実、イヌとタイリクオオカミは、交配して子どもができます。日本にもかつてニホンオオカミがいましたが、絶めつしてしまいました。

オオクワガタ 31、33
- 体長 27〜77mm
- 分布 北海道〜九州

大型のクワガタムシです。クヌギ、ヤナギなどの樹液に集まります。成虫があらわれるのは6〜9月です。くち木にあなをほって、その内がわにたまごを生みます。成虫は5〜6年、生きます。

カスピトラ 10
中央アジア、カスピ海沿岸などにいたトラです。毛皮や骨などを漢方薬にするために、狩猟されたことで1920年代に絶めつしました。

カナブン 30
- 体長 22〜30mm
- 分布 本州〜九州

クヌギやコナラの樹液や、じゅくした果実に集まる甲虫です。頭のかたちが四角なのがとくちょうです。成虫は6〜8月にあらわれます。

カブトムシ 30-31、32-33
- 体長 27〜55mm（角をのぞく）
- 分布 北海道〜沖縄

日本で最大級の甲虫です。成虫は6〜8月にあらわれ、クヌギやコナラ、ヤナギの樹液や、じゅくした果実に集まります。たい肥や腐食土にたまごを生みます。

グアンロン・ウカイイ 27
- 全長 約3.7m ●体重 約20kg
- 分布 中国

1億6000万年前にいた、2足歩行の肉食恐竜です。ティラノサウルスの祖先と

いわれています。頭の上の大きなとさかがとくちょうです。羽毛が生えていたのかもしれません。するどいかぎづめと歯で、小動物をとらえたとかんがえられています。

シベリアンハスキー 15

- 体高 50〜60cm
- 体重 16〜28kg

シベリア〜カナダ原産の中型犬で、ソリ犬、狩猟犬などとして利用されてきました。オオカミをおもわせるすがたながら、人間やそのほかの動物に対してとても友好的です。荷物をはこぶソリをひいたり、スポーツのイヌぞりレースでもかつやくしています。

ジャーマン・シェパード 14

- 体高 55〜65cm
- 体重 23〜40kg

ドイツ原産の大型犬で、優秀な軍用犬として作出されました。よく人間の命令をきくので、警察犬や災害救助犬としてかつやくしています。こわそうなイメージをもたれがちですが、愛情がふかく、人と強い信頼関係をつくることができるイヌです。

シャチ 16-17、18-19、20-21、22-23、24-25

- 体長 5.7〜8m
- 体重 2.6〜6.3t
- 分布 世界中の海

母親と子どもを中心とした、数頭〜数十頭のポッドとよばれる群れで行動します。魚、海鳥、海のほ乳類が食べ物で、音声を使ったエコーロケーションという方法で、えものをさがします。南アメリカのシャチは、浜辺にいるオタリアを、波を利用して、とらえます。

ジャワトラ 10

インドネシアのジャワ島にいた小型のトラで、毛皮などをとるために乱獲されたり、生息地の森林が少なくなったことにより、1980年代に絶めつしました。

ジンベエザメ 23

- 体長 5.5〜11m
- 体重 7〜10t
- 分布 世界中のあたたかい海

魚の中で最大です。海面近くをゆっくりと泳ぎ、オキアミ、小魚などを海水ごと吸いこみ、食べ物だけをこしとります。性格はおとなしく、きけんなサメではありません。からだの中でたまごをかえす卵胎生で、子ザメを生みます。

ステゴサウルス 26

- 全長 約9m
- 体重 約2.6t
- 分布 北アメリカ、中国

1億5570万〜1億4550万年前にいた、4足歩行の草食恐竜です。背中にさきがとがった骨の板が2れつにならんでいて、剣竜類とよばれます。板の表面と内部に、血管のあとがあることから、放熱して体温を調節するのに役立ったとかんがえられています。尾のさきに1mほどのとげがあり、尾をふりまわして敵とたたかったようです。

スマトラトラ 10

- 体長 1.5〜1.8m
- 体重 75〜150kg
- 分布 インドネシアのスマトラ島

スマトラ島の森林にすむ、最小のトラです。単独で行動し、なわばりをまわって、シカ、イノシシ、ウサギ、キジなどをとらえて食べます。泳ぎが得意です。子どもは母トラと行動し、3〜4歳になると独立します。

ティラノサウルス 26-27、28-29

- 全長 約12.5m
- 体重 約6t
- 分布 カナダ、アメリカ

約7000万〜6600万年前にいた最大級の2足歩行の肉食恐竜です。頭が大きくて、がんじょうな歯とあごで、トリケラトプスやエドモントサウルスなどの草食恐竜を、骨ごとかみくだいて食べていたとおもわれます。祖先はアジアにいた全長3mほどの小型の肉食恐竜で、進化とともに大型になりました。嗅覚がするどく、遠くにいるえものをにおいでさがすことができたようです。ティラノサウルスのなかまには、羽毛が生えたものがおおく、ティラノサウルスにも羽毛があったのではないかと想像されています。

トラ 6-7、8-9、10-11

- 体長 1.5〜3m
- 体重 オス180〜310kg メス80〜160kg
- 分布 インド、アジア、シベリア

ネコ科の大型肉食獣。分布する地域によって、アムールトラ（シベリアトラ）、アモイトラ、マレートラ、ベンガルトラ、スマトラトラ、バリトラ、ジャワトラ、カスピトラの8亜種がいます。ジャワトラ、バリトラ、カスピトラは絶めつし、アモイトラも野生では絶めつしたのではないかといわれています。繁殖期以外は単独で行動し、オスもメスもなわばりをもっています。ヤブや茂みなどにひそみ、きょりをちぢめて、飛びかかって、シカのなかま、イノシシ、水牛などをとらえます。

トリケラトプス 27

- 全長 7〜9m
- 体重 7〜9t
- 分布 北アメリカ

7000万〜6500万年前にいた、4足歩行の草食恐竜です。3本の角と、首の後ろのフリルがとくちょうで、角とフリルは、ティラノサウルスなどの肉食恐竜に対して身を守る武器とかんがえられています。口さきはくちばしのようで、植物をつみとって食べていました。

ネコ 12-13、14-15

キプロス島で、9500年前に人間といっしょに埋葬されたネコの骨が発見されたことから、約1万年前、中東でリビアヤマネコとの共通祖先のヤマネコから家畜化されたとされています。ネコがネズミをよくとることから、保存してある食べ物をネズミの害から守るために飼いはじめたのではないかとかんがえられています。ネコは単独行動をし、まちぶせタイプの狩りをします。

ノコギリクワガタ 30-31、32-33

- 体長 26〜75mm
- 分布 北海道〜九州

日本に広く分布しているクワガタムシで、大あごの内がわにノコギリのような歯がならぶことから、なまえがつけられました。クヌギやコナラ、ヤナギの樹液に集まります。成虫は7〜9月にあらわれます。くち木の根もとの土にたまごを生みます。幼虫はくち木の中を食べます。

35

バリトラ 10
インドネシアのバリ島にいた、もっとも小さなトラです。毛皮をとるためや、ハンティングの対象となり、1940年ごろに絶めつしました。

パンダ（ジャイアントパンダ）11
- 体長 1.2～1.5m
- 体重 75～160kg
- 分布 中国の中西部の山地

クマ科の大型動物です。雑食性ですが、おもにタケを食べます。手首の骨が大きくなったでっぱりがふたつあり、それらの骨とゆびとでタケをじょうずにつかむことができます。1回の出産で1～2頭の子どもを生みます。生まれたての子どもは体重100～150gと小さく、半年ほどは母親といっしょにいます。中国では保護区を設けて、野生のパンダを保護しています。

ビーグル 15
- 体高 33～40cm ●体重 8～14kg

イギリス原産で、貴族のスポーツであった、ウサギ狩りに使われてきました。すばらしい体力で、えものをほえながら追いこみました。嗅覚がすぐれていて、現在空港などで輸入禁止の食品や品物などをかぎわけるしごともしています。

ヒラタクワガタ 31
- 体長 21～81mm
- 分布 本州～南西諸島

大型のクワガタムシです。クヌギやコナラ、ヤナギの樹液に集まります。なまえのとおり、ひらたいからだです。成虫があらわれるのは、5～9月で、成虫で冬をこします。成虫の寿命は1～3年です。

ベンガルトラ 6、10
- 体長 1.8～3m ●体重 90～230kg
- 分布 インド、ネパール、ブータン、バングラデシュ

アムールトラについで大きなトラです。森林、草原などのほか、ヒマラヤ地方では高地にもすんでいます。繁殖期以外は単独で行動します。おもに夜に行動し、シカのなかまやイノシシなどを狩ります。泳ぎが得意です。約2500頭いると推測されています。

ボーダーコリー 14
- 体高 約53cm ●体重 14～22kg

イギリス原産の中型犬で、牧羊犬として作出されました。運動能力にすぐれ、人間の命令をよくきくことから、現在も世界の牧場で、かつやくしています。全犬種の中でもっとも頭がよいといわれ、メスのチェイサーというイヌは、訓練をつんで、2000以上のことばの意味を理解できるようになりました。

ホホジロザメ
16-17、18-9、20-21、22-23、24-25
- 体長 4～4.8m ●体重 0.68～1.1t
- 分布 北極海や南極周辺をのぞく世界中の海

イルカやオットセイ、アザラシなどをおそってとらえるほか、魚もとらえます。するどい歯のふちには、ぎざぎざがあり、えものの肉を切りさくことができます。歯はぬけても、おくからつぎつぎと生えてきます。泳ぐ最高時速は35～45kmで、においにびん感で、えもののわずかな血のにおいをとらえます。また、頭部にはロレンチーニ器官という電気を感じる器官があり、えものが動くときに筋肉から発生する電気をとらえます。

ホワイトタイガー 10
ベンガルトラの白変種で、ふつうのトラの黄色の地色が白～クリーム色で、しまもようがうすかったり、茶色だったりします。世界で250頭ほどいるといわれています。めずらしさから、神聖な生き物としてあがめられています。

マレートラ 6、10
- 体長 2.25～2.85m
- 体重 100～180kg
- 分布 インドシナ半島、マレー半島

山地～丘陵地の森林にすんでいます。700～1400頭ほどがいると推測されています。繁殖期以外は単独で行動します。シカのなかま、イノシシなどをとらえて食べます。

メガロドン 17、25
- 全長 推定で13～16m

約2800万年～260万年前にいた史上最大のサメで、絶めつしました。19mのものもいたのではないかとされています。シャチがあらわれたのは、700～600万年前で、チームでえものをとらえるシャチに、メガロドンはおそわれたり、狩りのじょうずなシャチに生存競争で負けてしまったのではないかとかんがえられています。

ライオン（アフリカライオン）6-7、8-9、10-11
- 体長 オス1.7～2.5m メス1.4～2.5m
- 体重 オス150～250kg メス120～180kg
- 分布 サハラ砂ばく以南のアフリカ

おとなのオスには、りっぱなタテガミがあり、メスにはありません。草原や砂ばくなどにくらします。単独生活をするネコ科の動物としてはめずらしく、プライドとよばれる群れをつくります。群れには、血のつながりがある10数頭のおとなのメス、子ども、そして1～3頭ほどのおとなのオスがいます。オスの子どもは、3歳になると群れをでます。おとなのメスが中心になったチームで、ウシやシカのなかま、シマウマなどを狩ります。オスはあまり狩りをしません。オスは、ほかのオスライオンから群れを守るのがおもなしごとです。子育てはメスたちが共同でおこない、オスはほとんど参加しません。

ラブラドール・レトリーバー 15
- 体高 54～62cm ●体重 25～36kg

カナダ原産の大型犬で、狩猟犬として利用されていました。警察犬としても使われますが、おだやかで忍耐強い性格から、盲導犬としてもかつやくしています。またはじめての人間に対しても友好的で、セラピー犬としても利用されています。

リビアヤマネコ 14
- 体長 50～70cm ●体重 2.5～6kg
- 分布 アフリカ北部、アラビア半島

繁殖期以外は単独行動です。夜行性で、ネズミ、ウサギ、トカゲ、ヘビ、昆虫などをとらえて食べます。ネコと共通の祖先をもち、ネコとのあいだに子どもが生まれます。

さくいん

ア

アパトサウルス ── 26
アフリカスイギュウ ── 9
アフリカライオン ── 6、8
アムールトラ ── 6-7、10
アモイトラ ── 10
アロサウルス ── 26-27、28-29
イヌ ── 12-13、14-15
異竜（いりゅう）── 26
インドライオン ── 11
エコーロケーション ── 20
エドモントサウルス ── 27
オオカミ ── 14
オオクワガタ ── 31、33

カ

介助犬（かいじょけん）── 15
カスピトラ ── 10
カナブン ── 30
カブトムシ ── 30-31、32-33
カモフラージュ ── 8
グアンロン・ウカイイ ── 27
クリック ── 20
警察犬（けいさつけん）── 14-15
硬骨魚（こうこつぎょ）── 25
コール ── 20、24

サ

シベリアトラ ── 6、10
シベリアンハスキー ── 15
ジャーマン・シェパード ── 14
ジャイアントパンダ ── 11

シャチ ── 16-17、18-19、20-21、22-23、24-25
ジャワトラ ── 10
獣脚類（じゅうきゃくるい）── 27、28
樹液（じゅえき）── 30、32-33
ジンベエザメ ── 23
水難救助犬（すいなんきゅうじょけん）── 15
スー ── 27
ステゴサウルス ── 26
スマトラトラ ── 10
側線（そくせん）── 21

タ

タペタム ── 20-21
ティラノサウルス ── 26-27、28-29
トラ ── 6-7、8-9、10-11
トリケラトプス ── 27

ナ

軟骨魚（なんこつぎょ）── 25
ネコ ── 12-13、14-15
ノコギリクワガタ ── 30-31

ハ

バリトラ ── 10
反響定位（はんきょうていい）── 20
パンダ（ジャイアントパンダ）── 11
ビーグル ── 15
ヒラタクワガタ ── 31
プライド ── 9
ベンガルトラ ── 6、10
暴君竜（ぼうくんりゅう）── 26

ボーダーコリー ── 14
牧羊犬（ぼくようけん）── 14-15
ポッド ── 24
ホホジロザメ ── 16-17、18-19、20-21、22-23、24-25
ホワイトタイガー ── 10

マ

マレートラ ── 6、10
メガロドン ── 17、25
メロン ── 20
盲導犬（もうどうけん）── 14-15

ラ

ライオン（アフリカライオン）── 6-7、8-9、10-11
ラブラドール・レトリーバー ── 14
リビアヤマネコ ── 15
ロレンチーニ器官（きかん）── 21

ワ

ワシントン条約（じょうやく）── 11

対決（たいけつ）について

この本（ほん）のシリーズでは、いろいろな生（い）き物（もの）どうしの対決をテーマにとりあげています。
中（なか）には「アロサウルス vs. ティラノサウルス」というように、生きていた時代（じだい）がちがっていたり、「ハト vs. ウシ」というように、まるでちがった生き物を対決させて、現実（げんじつ）にはありえないようなテーマもあります。でも、その生き物たちの習性（しゅうせい）や能力（のうりょく）をかんがえながら、想像力（そうぞうりょく）をふくらませて対決させてみると、それぞれの生き物がもつすばらしい力（ちから）に気（き）がつくことがあります。
また対決ですので、勝（か）ち負（ま）けをつけてあります。はっきりいえる対決もありますが、印象（いんしょう）で勝ち負けをつけたものもあります。ただ、勝ち負けをつけても、どちらがすぐれていたり、おとっていたりということではありません。それぞれの生き物は、自分（じぶん）の生きる環境（かんきょう）に最高（さいこう）に適応（てきおう）していることはいうまでもありません。

編集部（へんしゅうぶ）

監修 小宮輝之（こみや・てるゆき）
1947年東京都生まれ。恩賜上野動物園元園長。明治大学農学部卒業後、多摩動物公園に勤務。多摩動物公園飼育課長、恩賜上野動物園飼育課長などを経て、2004年から2011年まで恩賜上野動物園園長を務める。『日本の哺乳類』（学習研究社）『ほんとのおおきさ動物園』（小学館）『するーりウンチ ならべてみると』（アリス館）など著書・監修書多数。

構成・文 有沢重雄（ありさわ・しげお）
1953年高知県生まれ。自然科学分野を専門にするライター・編集者。著書『自由研究図鑑』『校庭のざっ草』（福音館書店）『かいてぬってどうぶつえんらくがきちょう』（アリス館）など。多くの図鑑編集にもたずさわっている。

どっちが強い？ どっちがスゴイ？
生き物対決スタジアム
❶宿命のライバル対決

【監修】小宮輝之（恩賜上野動物園 元園長）
【構成・文】有沢重雄
【イラスト】今井桂三
【装丁・本文デザイン】ランドリーグラフィックス
【写真提供】OASIS（オアシス）／PIXTA／フォトライブラリー／PPS通信社

2025年6月1日　初版第2刷発行
発行者　木内洋育
編集担当　熊谷満
発行所　株式会社旬報社
〒162-0041
東京都新宿区早稲田鶴巻町544　中川ビル4F
TEL 03-5579-8973
FAX 03-5579-8975
HP http://www.junposha.com/

印刷　シナノ印刷株式会社
製本　株式会社ハッコー製本

©Shigeo Arisawa 2016, Printed in Japan
ISBN978-4-8451-1472-6